U0380731

我的小小农场 ● 10

画说蓝莓

1. A 是 America(美国)，B 是 Blueberry(蓝莓)……2
2. 蓝莓果实虽小，却充满活力……4
3. 笃斯、越橘、腺齿越橘、乌饭树……6
4. 这就是蓝莓树啊！……8
5. 各种各样的蓝莓……10
6. 栽培日志……12
7. 幼苗要种在一整天都能照到阳光的地方！……14
8. 夏施肥、秋施肥、冬护根、春施肥，看，花开了！……16
9. 大家等急了吧！现在拿着篮子到树下集合吧！……18
10. 第三年开始修剪，这样树木才能整齐漂亮！……20
11. 在花盆里也能种得很好！……22
12. 生食、冷冻、做成果酱…… ……24
13. 试着烤一次蓝莓派和蓝莓松饼吧！……26
14. 试试扦插，尝试播种吧！……28
15. 20 世纪的新生水果……30

我的小小农场 10

画说蓝莓

【日】玉田孝人●**编文**　【日】细谷正之●**绘画**

小蓝莓出生在美国。
把小蓝莓扔入铁皮圆桶里，
会发出的“咚、咚”的响声，让人心情愉悦。
把蓝色的小蓝莓塞满嘴巴，嘴里尽是不可思议的甜甜的味道。
在松饼、果酱、派中放入蓝莓的话，那简直再好不过了。
蓝莓还可以迅速缓解眼睛疲劳呢！
让我们自己动手种一棵红岩鹨都特别喜欢吃的蓝莓吧。

中国农业出版社

1 A 是 America(美国)，B 是 Blueberry(蓝莓

美国的妈妈们在教孩子们学 A、B、C 的时候，会这样说："A 是 America（美国）的 A,B 是 blueberry（蓝莓）的 B。"美国人之所以对蓝莓情有独钟，是因为 17 世纪初，那些从欧洲抵达美洲的人们在饥寒交迫、饱受病痛折磨之时，他们得到了当地印第安人馈赠的野生蓝莓、玉米、扁豆、南瓜以及兽肉等食物，这才得以生存下来。

蓝莓是救命恩人

当今美国人的祖先大多是 400 年前从以英国为首的欧洲移居过来的。最早移居过来的 102 人到达的地方是美国的东北部，也就是现在的马萨诸塞州的普利茅斯。1620 年的 12 月，正值严冬腊月。储备的粮食都吃光了，大多数移居者饱受着饥寒和坏血病带来的痛苦，有一半以上的人因此而丧生。当地的土著居民印第安人看到这种情形后，送给了他们一些加入了蓝莓干的汤等食物，这才使移居者勉强地保住了性命。正因为如此，蓝莓对于美国人来说是蕴涵了特殊意义的，他们视蓝莓为救命恩人。

印第安人和浆果

在普利茅斯和美国东北部的许多山野上，都生长着蓝莓以及蔓越莓、越橘、木莓等许多种类的野生浆果。从很久以前开始，在美国东北部生活的印第安人把玉米、大豆和南瓜，称作食材“三姐妹”，并作为重要的粮食作物进行栽培，同时还在上山捕猎的时候采摘蓝莓之类的浆果来食用。漫山遍野都长着蓝莓，无需种植，可摘下来直接食用，也可晒干保存。

美国的国旗上印着蓝莓?

美国人至今仍很喜欢吃蓝莓。他们认为，没有蓝莓就没有今天的美国人：他们的祖先正是因为有了蓝莓才能在异国他乡的冬天战胜寒冷、饥饿和病痛从而保住了性命。因此，他们对蓝莓有一种感激之情。甚至，还有人认为，美国国旗——星条旗上的并不是星星，而是蓝莓的果实。

2 蓝莓果实虽小，却充满活力

蓝莓挽救了那些移居美国的人们的性命，那么在蓝莓中到底隐藏着什么样的秘密呢？在它那蓝色的小小的果实里，其实蕴藏了许多营养呢。比如蓝莓富含能够预防坏血病的维生素 C 和食物纤维、人体内不可缺的氨基酸以及矿物质等。大家都知道蓝莓对视力有益，其奥秘来自于它那蓝蓝的颜色中蕴涵的花青素。

在**黑暗**中也能看清?

其实，人们很早就开始关注蓝莓对视力有益的特点了。那是在第二次世界大战期间，英国空军中有一位飞行员的视力令人称异，不要说黎明或傍晚，就是在一团漆黑中他都能看清楚东西。而那位飞行员就很喜欢吃蓝莓果酱。由此，人们开始了对蓝莓的研究，并且验证了它的功效。

15 种植物色素

蓝莓表面的蓝色，其实是一种被称为花青素的色素。而蓝莓里的花青素，居然多达 15 种。花青素有缓解眼睛疲劳、恢复视力的功效。蓝莓对视力有益就是因为它的果实中蕴涵着丰富的花青素。吃了蓝莓，效果会保持一天左右，当然，最好是每天都吃些蓝莓喽。

蓝莓还有**抗氧化**作用

花青素还有抑制活性氧产生的功能，而活性氧的产生会导致癌症和脑卒中等生活习惯病。维生素 E 和茶叶中的单宁酸也有这种功能，蓝莓的效果可丝毫不逊色于它们哦。

为了保护眼睛，建议多吃蓝莓。直接食用话可以每天吃一茶碗左右（150~200 克），如果是做成果酱来吃的话，当然可以把吐司涂上厚厚一层来吃喽。

3 笃斯、越橘、腺齿越橘、乌饭树

不仅在美国，在日本的山野上也到处有与蓝莓相近的小伙伴，比如笃斯、越橘、腺齿越橘和乌饭树等。这些浆果，自古以来就是满山玩耍的孩子们的零食。在果实成熟的季节，孩子们放学回家把书包一扔，就跑到山里大吃特吃起来了。至于什么地方会结果子，孩子们甚至比大人还要清楚。大孩子会告诉小孩子，如此口口相传。而大人们也有他们的享受方式，他们会把这些果实酿成果酒来品味。

生长在**高山**上的笃斯

自古以来，在日本的长野县和群马县的高山上，特别是浅间山、草津白根等地以野生的笃斯而著名。再往北，在日本的东北部和北海道的高山上也有很多笃斯。笃斯的果实很小，大概直径还不足 1 厘米。果实成熟后会变成黑紫色。

越橘

越橘树不高，成熟后果实直径约 7 毫米，红色。野生越橘一般生长在高山地带，在草津白根一带，它还和笃斯相伴而生呢。

生长在**平地**上的腺齿越橘

腺齿越橘多同松树和杜鹃在一起生长。腺齿越橘的果实是成串的，直径不足 1 厘米，颜色是黑紫色。在东京的奥多摩山上也有腺齿越橘。

乌饭树

乌饭树分布在关东南部到西部的地带，是一种常绿树。它除了果实可以食用之外，还是一种人们喜爱的吉祥物，因此常常被种在神社的饮水池旁边。此外，乌饭树还可以用来插花。

仔细观察，也许在我们身边也有呢，找找看吧！

轻井泽的浅间浆果

说到轻井泽，自古以来便是日本有名的别墅地，日本明治初期，为了从美国和欧洲国家引进先进的技术，请来了很多外国人，轻井泽就是接待外宾的避暑地。在这些外宾中，有一名来自美国的传教士发现了笃斯果实，感觉和他家乡的蓝莓有点儿像，就把笃斯果实做成了果酱。那时，这种果酱的味道肯定让他想起了自己的家乡吧！之后，他把做法教给了当地人，并把它命名为浅间浆果果酱。这就是日本最早的蓝莓果酱。用笃斯做成的果酱，有着独特的味道，不同于一般。那时，浅间山地区生长着许多的笃斯，但是现在随着不断进行的土地开发，笃斯的数量在不断减少，真是很令人遗憾。

4 这就是蓝莓树啊！

蓝莓树会是什么样子的呢？也许你想象着它应该像樱树和银杏树那样，有着一根修长的树干？其实，蓝莓树是丛生的，会从地里长出很多根细细的树干。每年新长出来的树枝有四种，作用也各不相同，有高 1 米以上的枝条，有长 10 厘米左右的短枝，有会结很多果实的中等粗长的枝条，还有在地下 3~5 厘米处生根、不断扩大生长面积的横茎。

7 月下旬左右的状态

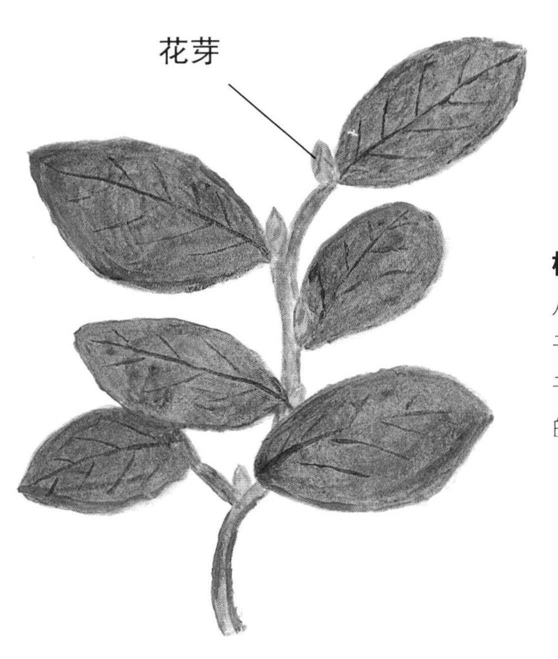

树丛状（指一棵树）
从根部和主枝干上长出若干支像铅笔粗细的长枝干，便形成了像树丛一样的形状。

冬天的状态

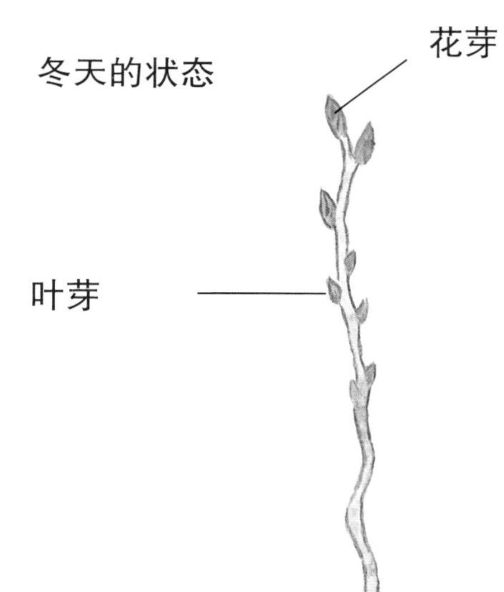

长枝条（一般高 70~100 厘米）
有的一年就能长到 1 米以上，当年不结果。

横茎
在地下 3~5 厘米的地方生根，离根部 50 厘米到 1 米以上的地方长出新的枝芽。根据品种的不同，有的可能没有枝芽。

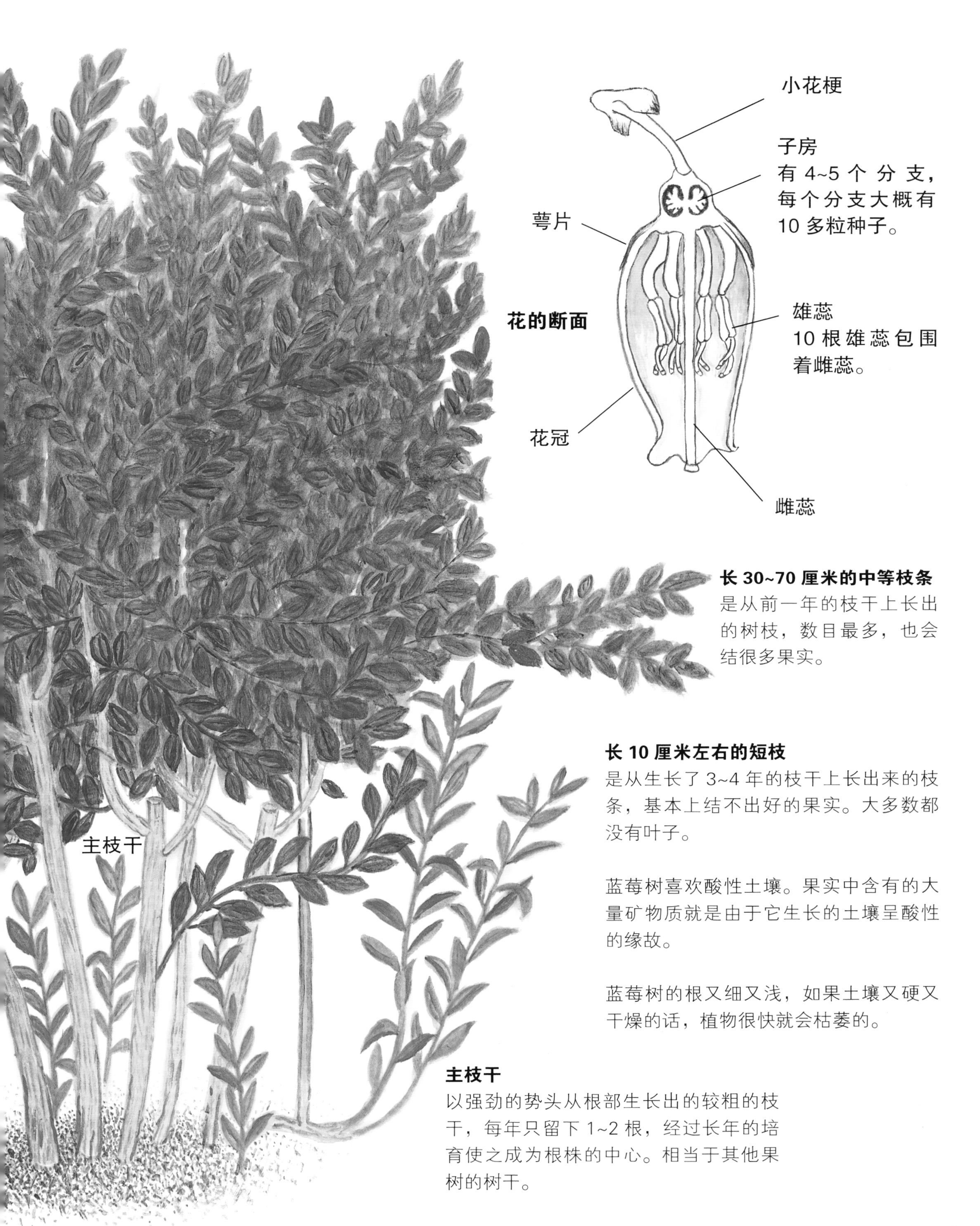

长 30~70 厘米的中等枝条
是从前一年的枝干上长出的树枝，数目最多，也会结很多果实。

长 10 厘米左右的短枝
是从生长了 3~4 年的枝干上长出来的枝条，基本上结不出好的果实。大多数都没有叶子。

蓝莓树喜欢酸性土壤。果实中含有的大量矿物质就是由于它生长的土壤呈酸性的缘故。

蓝莓树的根又细又浅，如果土壤又硬又干燥的话，植物很快就会枯萎的。

主枝干
以强劲的势头从根部生长出的较粗的枝干，每年只留下 1~2 根，经过长年的培育使之成为根株的中心。相当于其他果树的树干。

5 各种各样的蓝莓

蓝莓包括广泛分布在美洲大陆上的野生品种以及改良之后的品种。其种类繁多，但通常是根据树木的高度来区分。欧洲人自古以来食用的欧洲越橘和日本的笃斯都是越橘属，但是，品种还是稍有区别的。

高丛蓝莓

树高大约 1 米。随着品种的不断改良，果实又大，口感又佳。以美国为首，世界各国都在栽培此品种。

蓝丰

蓝鸟

蓝光

兔眼蓝莓

树体高大，有的高达 2 米以上。因为果实成熟前像小兔子的眼睛一样红红的，所以被称为兔眼蓝莓。与高丛蓝莓一样，世界各国都在栽培这个品种。

乌达德

梯芙蓝

蓝铃

欧洲越橘

欧洲越橘是生长在欧洲北部国家地区的野生品种，其种类不同于美国野生矮丛蓝莓。欧洲人所说的蓝莓大部分指的是欧洲越橘。右图是商店里正在出售的欧洲越橘。

矮丛蓝莓

野生矮丛蓝莓分布于美国的东北部和加拿大的东南部地区，树高15~60厘米。因为没有进行品种改良，所以至今只能采摘野生的。它有野生蓝莓独有的风味，所含的花青素是人工栽培蓝莓的2~3倍。收获时使用像簸箕一样的工具采收。

护根法保护小树和小花

在树根周围铺上碎树皮、稻壳和杉树屑等护根物，既有助于抑制杂草的生长，还可以防止土壤干燥。靠近树枝顶端的花房最先开花，而在同一个花房中，则是从花房根部开始开花。

红叶和成木树形

蓝莓树是落叶树。一到秋天，树叶就会变红从树上飘落下来。至于树形，最好把它修剪成由若干根同样粗细的粗壮主干枝组成、类似扇形的树丛状。

6 栽培日志

在日本，被称作“高丛蓝莓”的北部高丛蓝莓比较容易栽种。但是，在北海道*注和日本东北部积雪较多的地区，一般栽种半高丛蓝莓。冬季比较温暖的地区一般栽种南部高丛蓝莓和兔眼蓝莓。该选择哪个品种栽种呢？看看卷末说明的表格就知道了。

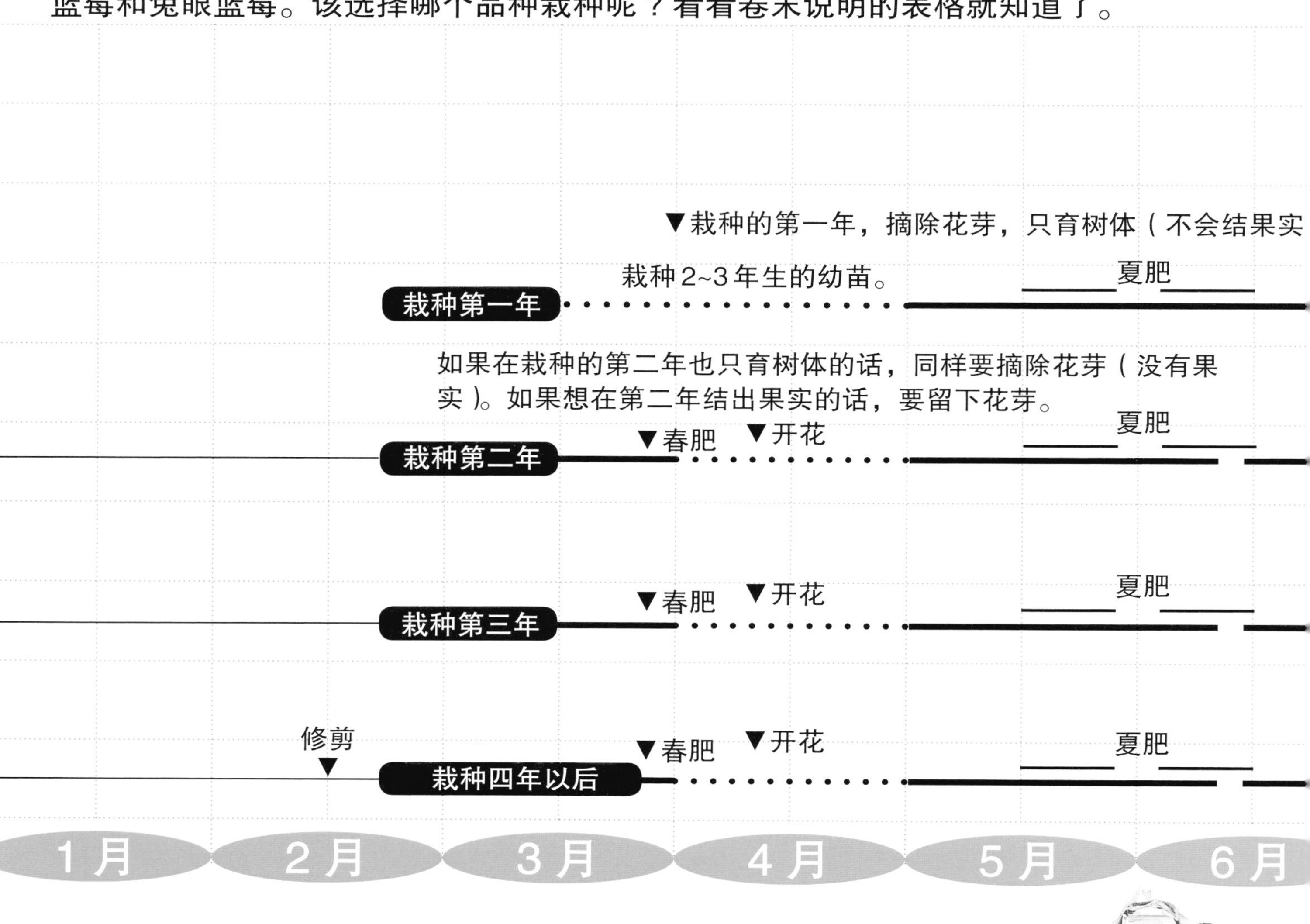

* 注：北海道位于日本最北部，为日本除了本州以外最大的岛，也是世界面积第二十一大岛屿，略小于爱尔兰岛。

购买 2~3 年生的树苗来栽种。2 年生的树苗指的是在前一年的春天或秋天进行扦插，然后把它们育成可移植到田间或可供盆栽的树苗。
一般果树种植的头几年里，首要的任务不是让树结果，而是要让果树长大。这样，才能结出更多更美味的果实。但是，如果你等不及的话，移种的第二年也可以让它结出果实。虽然此时结果不多，但是谁都想尽快吃到自己亲手种植的果实嘛。

7月	8月	9月	10月	11月	12月
锄草等		秋肥	红叶		越冬 ▲铺盖护根物
收获！		秋肥	红叶		越冬 ▲铺盖护根物
收获！		秋肥	红叶		越冬 ▲铺盖护根物
收获！		秋肥	红叶		越冬 ▲铺盖护根物

7 幼苗要种在一整天都能照到阳光的地方！

到了春天，园艺店里会摆放着许多蓝莓的树苗。我们购买时要确认好品种，最好选择2~3 年生的树苗。如果是种植在果园里的话，一般 3 年之内不让它结果，首先要将树苗培育长大，但如果想感受种植的乐趣的话，也可以在栽种后第二年的夏天让果树结出果实。

仔细阅读第 12 页的栽培日志，把栽培的流程记在脑中之后，就可以开始啦。栽种时要尽量避开坚硬的土壤，选择排水保水性好的酸性土壤。一旦种下去，果树在之后的几十年都要在这块土地上生长，所以田地的选择一定要慎重。

种植高丛蓝莓和南部高丛蓝莓的话，树与树之间相隔 1 米左右就可以。如果要让蓝莓结出美味的果实的话，必须要选择日照充足的地方。所以要把幼苗种在一整天都能照到阳光的地方。

栽种树苗的时节

关东地区的话，可以在春分之后的 3 月下旬开始种植。如果是比较寒冷的地区，可以在 4 月下旬之前种植。

田块的大小

如果种植兔眼蓝莓的话，树与树之间要相隔 2 米；如果是种植半高丛蓝莓和南部高丛蓝莓的话，树与树之间相隔 1 米左右就可以。如果要让蓝莓结出美味的果实的话，必须要选择日照充足的地方，所以要把幼苗种在一整天都能照到阳光的地方。

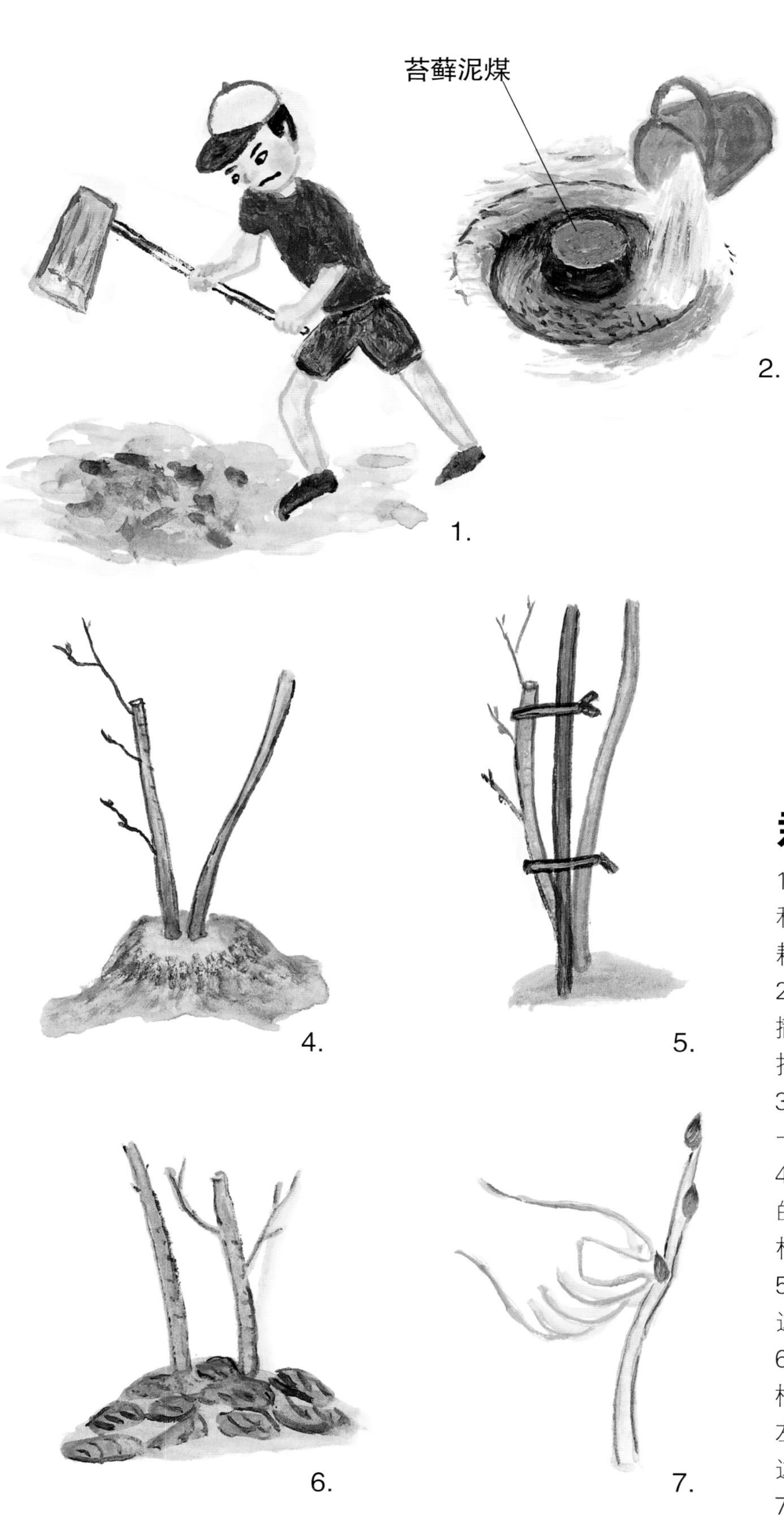

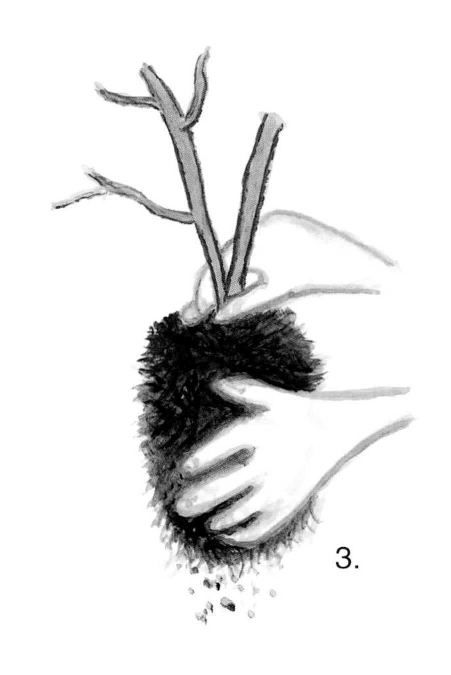

栽种步骤

1. 在整个田地里按每一棵树苗 20 升泥煤苔和 20 升稻壳的比例撒入泥煤苔和稻壳，再翻耕土壤深至 40 厘米左右。
2. 挖一个深 10 厘米、宽 20 厘米左右的树坑，撒入 1 升左右的苔藓泥煤，再倒入半桶水搅拌，直到苔藓泥煤完全湿润。
3. 从花盆中把树苗拿出，轻轻地敲掉四分之一到三分之一的土，让树苗的根松散开。
4. 把从花盆中拿出的树苗种到第二步里挖好的树坑中，轻轻按压根部，然后再添加土壤，根周围的土要隆起来。
5. 种完之后，给树苗绑上支柱，防止被风吹晃，这样容易定根。
6. 给幼苗的根部浇上充足的水，大概需要一桶水（7~8 升）。在根的周围铺上厚 10 厘米左右的树皮、稻壳和杉树屑（这就叫护根法）。这样不但可以防止土壤干燥，还能抑制杂草。
7. 种植之后的第一个夏天不能让它结果，要用手摘除花芽。

8 夏施肥、秋施肥、冬护根、春施肥，看，花开了

在种植之后的两个月左右，施用夏肥。这一年的夏天不要让它开花，最重要的是先让树木茁壮成长。夏季要注意除草和浇水，然后在秋季的时候再施肥。在冬季要用护根法保护树木，在第二年的春天施用春肥。如第二年继续培育树体本身的话，就把花芽去掉。但是，如果想在第二年就让它结出果实的话，要仔细照看花芽。在樱花盛开的季节，树木会开出白色的小花，虽然不多，但还是会结出果实的。

夏肥

高丛蓝莓在5月中旬施肥，兔眼蓝莓在6月中旬施肥。在种植的第一年和第二年，每棵树施用约15克的化肥，化肥原料的比例为氮（必须含有硫酸铵）：磷酸：钾=10:10:10。

浇水

如果超过一周没有降雨的话，给每棵树浇水20升左右。出梅后容易忘记浇水，这一点要多注意。

秋肥

高丛蓝莓在8月中旬施肥，兔眼蓝莓在9月中旬施肥。肥料的种类和数量与夏肥相同。

从秋末到冬季的管理

如果护根物减少了的话，再添加护根物恢复到10厘米以上的厚度。用塑料板等把树围住，防止风把护根物吹跑。除了降雪多的地区以外，如果2~3周没有降雨、土壤变干的话，要记得浇水。

春肥

无论什么品种，要在3月下旬施肥。肥料的种类不变，施肥量比夏肥和秋肥多一倍。

冬季，为了防止风把护根物吹跑，要把周围围起来。

无论是浇水还是施肥，都要离开树根40~80厘米。

虫害

蓝莓树很少会生病，但是多少会招虫子。结草虫、卷叶虫之类的，可以戴上手套把它们捉掉，然后在土里挖个洞埋掉。天牛的幼虫一般会在离地面很近的树干上，钻一个直径3毫米左右的洞，用细铁丝扎进去就能杀死它们。如果在树的周围有虫子粪便的话，就说明树上有虫子了。

每年都要精心地管理哦！

如果初春不打掉花芽，就可以让它在樱花盛开的时节开出白色的小花，到了夏天就会结果。这时结的果一般都不会太多，所以小朋友们不要为争抢果实吵架哦。1年里培育蓝莓的基本工作就是春肥、夏肥、夏季除草、浇水、秋肥和冬季的管理。每年都按照这个流程培育蓝莓。6年之后会长成结实的大树，并且每棵树能结出3~5千克的果实。从第3年开始，每年必须要修剪树枝（请阅读第20~21页）。

9 大家等急了吧！现在拿着篮子到树下集合吧！

按时给树木施肥，精心管理的话，几年之后就会长成大树哦。这样的话，到了春天会开出很多漂亮的花，看，还会结这么多的果实呢。虽然根据品种不同有早熟、中熟、晚熟等，但是，一般在开花后的 60~100 天就可以收获果实了。高丛蓝莓的果实的颜色是由绿色变为粉红色再变成蓝色，兔眼蓝莓的果实颜色则是由绿色变成红色再变成蓝色，十分漂亮哦。

轻轻碰一下就会掉落的果实

蓝莓全部变成蓝色的 4~5 天之后就是最好的采摘时机。如果想要做成果酱的话，用粉红色或红色的未成熟蓝莓和成熟的蓝莓搅拌到一起制成的果酱味道会更好。因为收获期很长，1 棵树要 3~5 周才能收获完毕，所以最好每隔 4~5 日交替着采摘。还未成熟的果实用力都不易摘下，而熟透的果实轻轻一碰就会掉落。把摘下的果实放入浅底大眼的篮子里吧。

收获之后

作为回报，在秋季要认真给果树施肥。对于 6 年以上的成年树，要施用 30 克比例为氮（必须含有硫酸铵）: 磷酸 : 钾 =10:10:10 的化肥。根据品种的不同选好施肥期（请阅读栽培日志和第 16 页）。在过完年的 2 月中旬左右，需要对超过 3 年的果树进行修剪。

即使给果实套袋，不让阳光照射，果实也会变蓝哦。

防鸟网（请阅读卷末说明）

10 第三年开始修剪，这样树木才能整齐漂亮！

在栽种树苗三年之后，要把过于密集的枝条剪掉，这样才能有助于通风和日照。这项工作就叫做修剪。修剪能让树木更健康地成长，还能结出更多的果实。2 月中旬左右是修剪的好时期。但是在降雪多的地区，要在进入春天、积雪融化之后再进行修剪。蓝莓树基本上不会受虫害和疾病的困扰，所以不用喷洒农药。蓝莓不用剥皮就可以食用，这让人感觉很轻松。

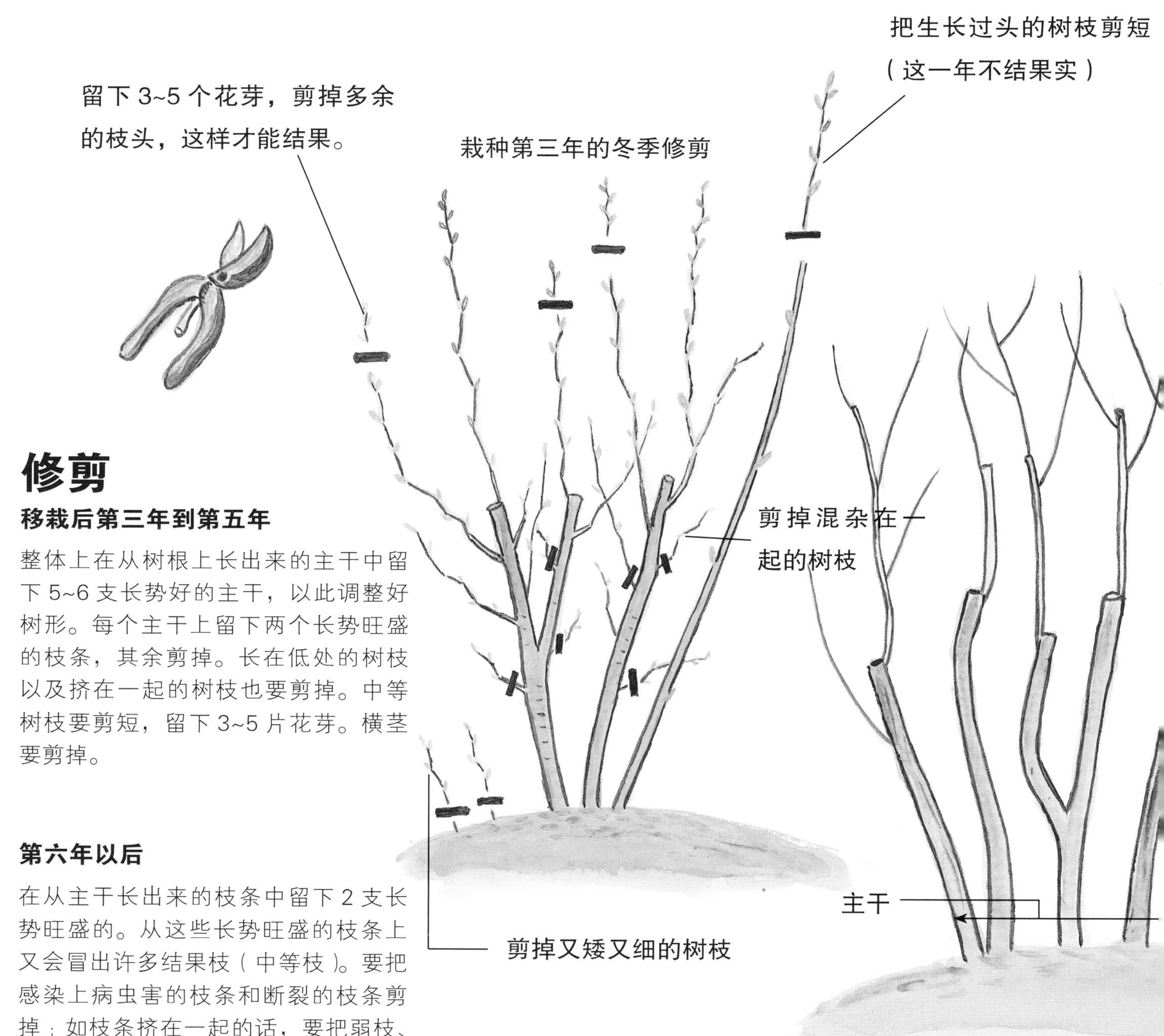

修剪

移栽后第三年到第五年

整体上在从树根上长出来的主干中留下 5~6 支长势好的主干，以此调整好树形。每个主干上留下两个长势旺盛的枝条，其余剪掉。长在低处的树枝以及挤在一起的树枝也要剪掉。中等树枝要剪短，留下 3~5 片花芽。横茎要剪掉。

第六年以后

在从主干长出来的枝条中留下 2 支长势旺盛的。从这些长势旺盛的枝条上又会冒出许多结果枝（中等枝）。要把感染上病虫害的枝条和断裂的枝条剪掉；如枝条挤在一起的话，要把弱枝、细枝和短枝剪掉；上一年结果的老枝条和横茎也要剪掉。另外，每隔几年主干也要更新。

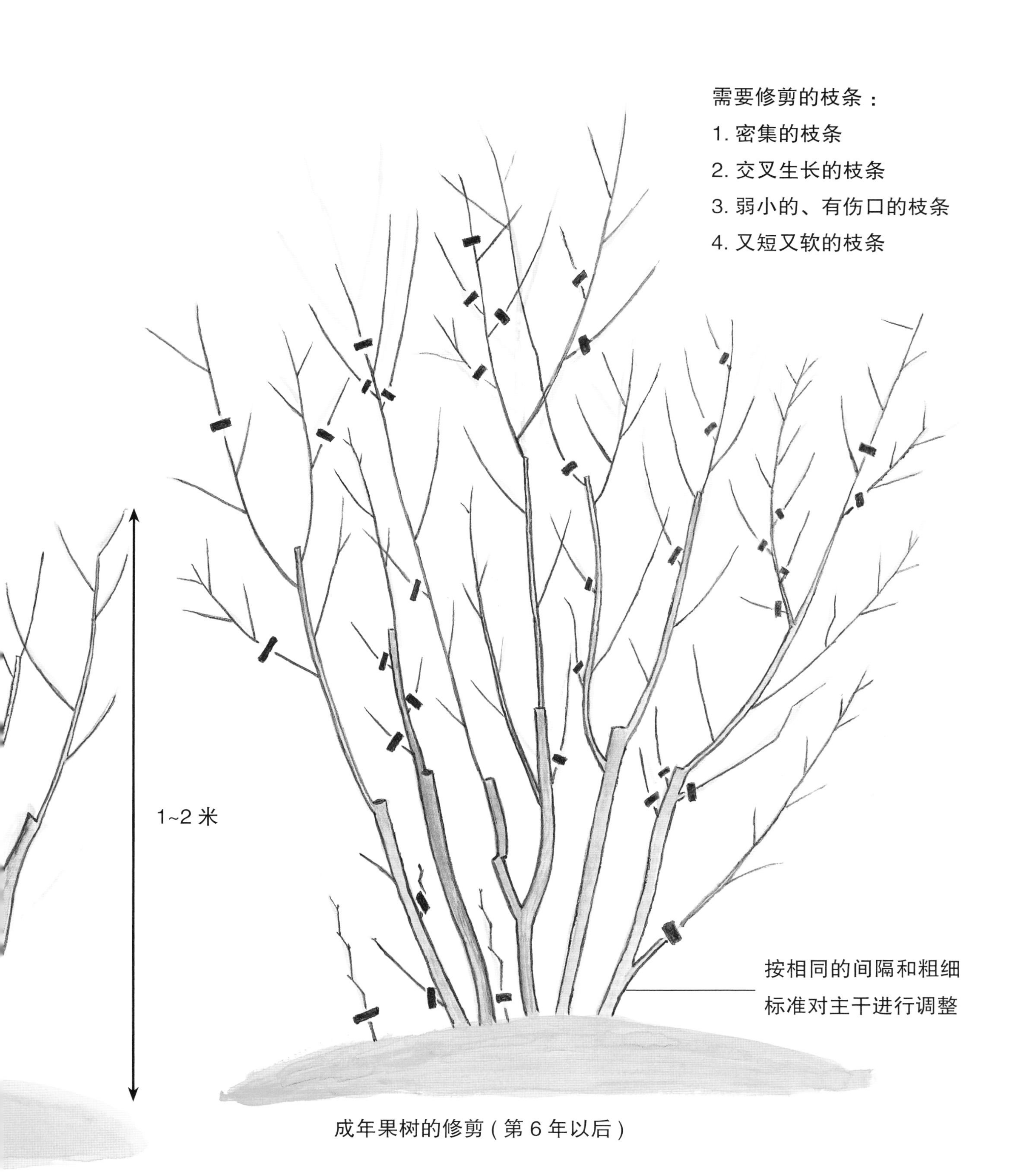

成年果树的修剪（第 6 年以后）

11 在花盆里也能种得很好！

因为蓝莓树不是很大，所以也可以进行盆栽。如果选择盆栽的话，不要忘记在每年 3 月春分前后把它移栽到更大的花盆中。在降雪多的地区，最好在雪融化之后移栽。每天早上都要给花盆浇足水。精心照料的话，在第 4 年就可以收获 100 克左右的果实。即使是在花盆中种植，如果细心管理的话，也可以生长 10 年以上呢。没有庭院也可以种植水果，这真是太令人高兴了！

把买来的树苗移栽到花盆中

1. 在春季，购买标有品种名称的 2~3 年生的树苗。如果花盆中布满了树根的话，要把它移栽到大一圈的花盆中。

2. 在花盆底部铺上网状物，放入苔藓泥煤，让它充分吸收水分。

3. 把树苗从花盆中拿出来，仔细把根松散开，再放入要移种的花盆中，并在周围铺上苔藓泥煤，然后浇水直到花盆底部有水流出为止。

盆栽的修枝要点

1. 剪掉残留在扦插上的弱枝。
2. 剪掉前一年的老枝。
3. 剪掉向内侧生长的以及横向生长的枝条。
4. 至于那些摇摇晃晃的枝条，剪掉上端的话，下端会横向长出几根枝条，这些枝条会开花。
5. 把浅须根和从该处长出的枝条剪掉，把树形整漂亮。

4. 每天都要浇水，每月施肥一次，用1:1000的比例稀释氮(必须含有硫酸铵):磷酸:钾=10:10:10的液肥，施肥时不必另浇水。

5. 在第二年的春天，树苗会长到大概70厘米以上，所以要把它移栽到再大一圈的花盆中。移栽的方法和浇水、施肥的方法都与之前相同。

12 生食、冷冻、做成果酱……

吃够了刚摘下的鲜蓝莓，就来尝试一下做果酱和果汁。让人高兴的是蓝莓果实中富含的花青素，即使高温烹饪，营养价值也不会减少。把蓝莓加热烹饪之后，会有一种与生食不一样的风味。做果酱时，如果酸甜度调得恰到好处，那真可谓其味无穷。能够用自己亲手培育的蓝莓做成果酱和果汁，还真有点儿小激动呢。

蓝莓果汁

材料（2 人份）：蓝莓……200 克、砂糖……2 大匙、柠檬……1/4 个、冰块……8 个左右

果汁很浓，用吸管喝的话会有些费劲儿，但是真的很好喝哦！

1. 把蓝莓放入沥水盆用水冲洗，然后把水沥干。

2. 把洗好的蓝莓和砂糖放入榨汁机中，再挤入柠檬汁（注意不要把柠檬籽弄进去），然后打开榨汁机开关。先不要放冰块。

3. 在第 2 步搅拌之后的蓝莓汁中每次放入 2 块冰块，再继续搅拌几次。

4. 把榨好的果汁分到杯中，蓝莓汁就做好了！

蓝莓果酱

材料：蓝莓……2 千克、细砂糖……800 克、榨好的柠檬汁……2 个柠檬的量

需要准备的物品：保存用的瓶子、温度计、不易烧焦的锅

1. 把蓝莓放入沥水盆用水冲洗净。

2. 把洗好的蓝莓放入锅中，加入 400 毫升水，盖上锅盖，用小火焖煮 10~20 分钟。这样能使蓝莓皮变软。

3. 再继续煮 20~30 分钟，这期间将细砂糖分两次倒入锅中。

4. 把柠檬汁倒入锅中，继续煮 20 分钟，把汤汁熬干。

5. 关火，趁热把果酱倒入洗干净的瓶子中。

冷冻保存

将鲜蓝莓装入小塑料袋中放入冰柜，冷冻起来十分方便。冷冻蓝莓的口感像冰霜一样，非常好吃。冷冻蓝莓也可以用来做果汁和果酱。如果做松饼的话，要从冰箱取出，放置 20~30 分钟，自然解冻后再使用。

13 试着烤一次蓝莓派和蓝莓松饼吧！

美国人特别喜欢吃蓝莓派和蓝莓松饼。其中，蓝莓松饼要更加受欢迎。在美国旅行的时候，大城市自不必说，就连小城镇的小店里都能找到蓝莓松饼。在美国经常能见到成年男性把蓝莓松饼和牛奶当作便餐食用。这在日本来说，是不是相当于妈妈做的小点心或饭团呢？

蓝莓派

材料（1 个直径 21 厘米大小的蓝莓派的用量）

蓝莓果实……200~250 克

冷冻的派皮……2 张

蛋奶糊……（阅读卷末说明）

鲜奶油……200 毫升

砂糖……25 克

压重用的赤豆和油纸……与烤盘底差不多大小

1. 使冷冻的派皮恢复到室温，将它擀到稍稍大于烤盘的大小。
2. 将派皮完全贴在盘底，切掉盘边多余的部分，用叉子在派皮上扎一些小孔。
3. 将油纸铺在派皮上，然后撒上用来压重的赤豆，放入预热到 180 摄氏度的烤箱，再用 180 摄氏度烤 20 分钟将派烤至七成熟左右。接下来取出赤豆和油纸，再烤 10 分钟。
4. 把洗净的蓝莓放入沥水盆里沥水。制作蛋奶糊，再把沥干水的蓝莓掺进蛋奶糊中。蛋奶糊的制作方法，请阅读卷末说明。
5. 将第 4 步中掺好的蛋奶糊平铺在派上，再倒入打出泡的鲜奶油用蛋糕刀均匀涂抹。
6. 蓝莓派做成啦。

在烤好的蓝莓派上点缀些一粒粒的小蓝莓，也十分漂亮。

蓝莓松饼

材料（6 个直径为 6 厘米的松饼的用量）

蓝莓……100~120 克、低筋粉……100 克、发酵粉……1 小匙、鸡蛋……1 个、牛奶……80 毫升、黄油……70 克、砂糖……50 克、香草精……少许、人造奶油……少许

1. 把蓝莓洗净之后放入沥水盆里，把低筋粉和发酵粉倒在一起过筛。

2. 把黄油放入微波炉中加热 20 秒，使其变软。然后把黄油放入碗中用打蛋器充分搅拌，再倒入砂糖搅拌均匀。

3. 待黄油颜色变白之后，再放入鸡蛋和香草香精继续搅拌均匀。

4. 边搅拌边一点点放入筛好的低筋粉、发酵粉和牛奶。

5. 把第 4 步搅拌好的原料倒入模杯至一半的位置。

6. 在第 5 步的模杯中放入 4~5 粒蓝莓，再倒入剩余的第 4 步搅拌好的原料。

7. 再在第 6 步做成的杯里埋入 5~6 粒蓝莓，然后放入烤箱，用 170 摄氏度的温度烤 20~30 分钟即可。

14 试试扦插，尝试播种吧！

要想扩大蓝莓的种植面积，扦插是最好的选择。扦插可以利用修剪下来的枝条。除了扦插以外，也可以从结的果实或买来的鲜果中取种来尝试播种，会长出可爱的幼芽哦。仔细观察它们是怎么样成长的。虽然把它们培育成大树不容易，但还是可以参考卷末说明自己动手试试看的。

扦插（休眠枝）

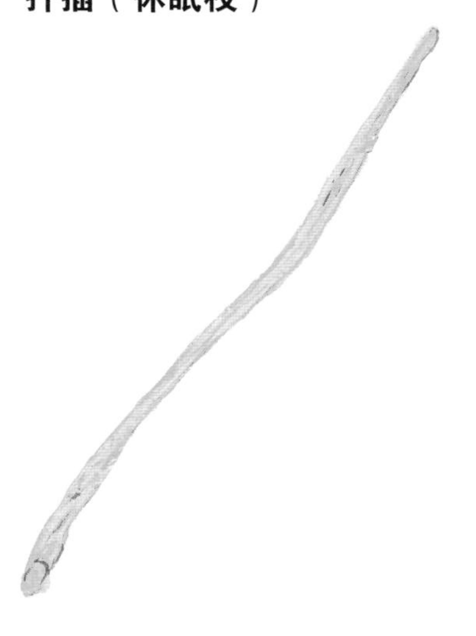

1. 在2月份左右，把前一年长出的长50厘米以上、铅笔粗细的枝条从枝杈根部剪掉。

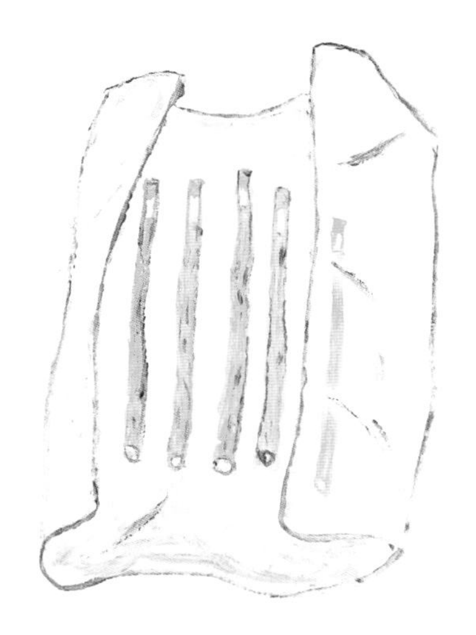

2. 把步骤1剪下来的枝条都修剪成长10厘米左右，在枝条的上方绑上塑料胶带做记号，然后再用塑料膜把它们包起来，放入冰柜冷藏起来。

3. 扦插一般在3月下旬到4月下旬进行。把步骤2的枝条拿出来，把没有胶带的那一端向下放置吸收水分，然后用小刀把下端斜着切下。

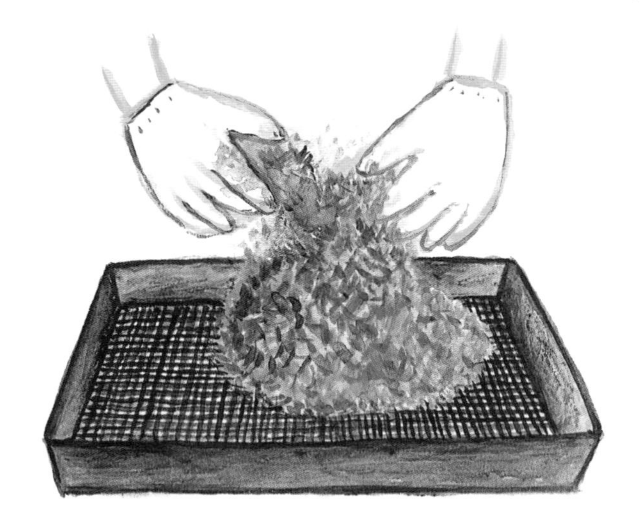

4. 在底部为网眼、深约10厘米左右的容器里，铺满苔藓泥煤。

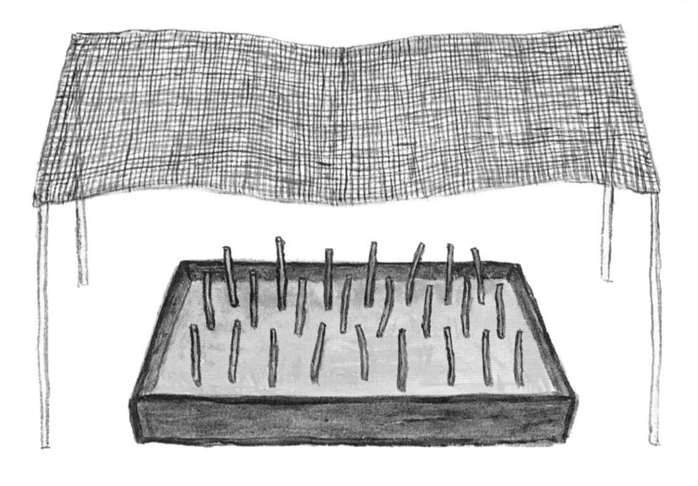

5. 在步骤4的容器中插入枝条，间隔5厘米左右，再浇水，然后罩上黑色的冷布遮阳网。

育苗箱

种子在哪呢?

取出蓝莓籽试着撒撒看

最好在春分之后撒上种子。

1. 在比较浅的育苗箱或花盆中铺满苔藓泥煤之后，让它们充分吸收水分。

2. 撒上种子，保持种子之间有 2 厘米左右的间距。

蓝莓种子必须有光照才会发芽，所以不要让土盖住种子哦。播种后一个月左右就会长出幼芽。注意不要让幼芽干燥，一个月要施一次稀释过的液肥。如何从果实里取出种子，之后如何管理，请阅读卷末说明。

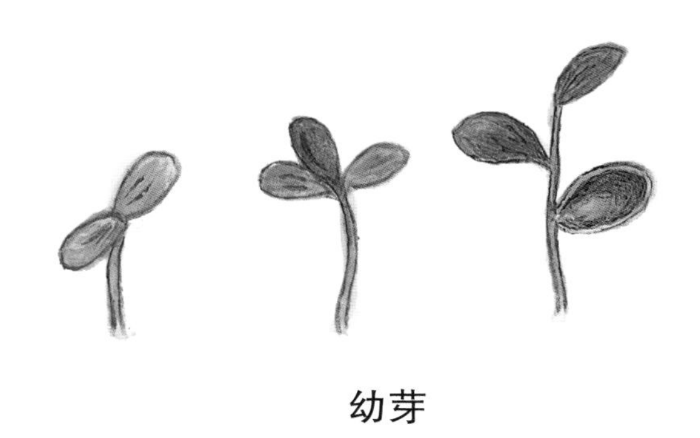

幼芽

6. 到 6 月份的时候，把容器放到阳光充足、避风的地方。每天浇一次水，为了不使枝条晃动，浇水时要小心一点。长出根之后，把比例为氮 : 磷酸 : 钾 =10:10:10 的液肥进行 1:1000 的稀释之后，每个月施肥一次。

7. 到了 9 月，可以移栽到 4 号花盆。用苔藓泥煤作基质。操作方法和之后的管理，请阅读第 22~23 页。

15 20 世纪的新生水果

美国对蓝莓的栽培进行研究是从 1906 年开始的，而苹果和葡萄等其他水果的栽培要比蓝莓早得多。蓝莓的栽培历史不长，可以说它是“20 世纪的新生水果”吧，蓝莓登陆日本是在 1951 年，而逐渐被人们所接受则是在 20 世纪 80 年代的后期。

欧洲的蓝莓

除美国外，欧洲人从很久以前也在山上采摘一种类似蓝莓的、叫做欧洲越橘的果实。当时，欧洲人把摘回的果实做成果酱、果汁、糖浆和果干等，在疲惫或是感冒的时候食用。当他们移居到美国，得到印第安人赠予的矮丛蓝莓时，一定是联想起了故乡的越橘，于是就把它们做成了蓝莓果酱和蓝莓派。欧洲越橘很酸，所以一般不生食。但是在美国生长的蓝莓酸甜可口，更适合于直接食用。

21 世纪水果的代表——蓝莓

大约在 1951 年，蓝莓就被引进到日本，但是当时正值第二次世界大战刚刚结束，日本人更重视能填饱肚子的米饭。所以，蓝莓基本上没有受到大家的关注。但是，进入 20 世纪 80 年代之后，随着日本饮食的西化，面包等食物逐渐被人们所接受。日本正是在这个时候才开始正式栽培蓝莓的。于是，有益健康、天然安全的蓝莓逐渐受到大家的喜爱。蓝莓基本不受疾病和虫害的困扰，所以不用喷洒农药。蓝莓中又含有大量对人体有益的营养素，并且蓝莓果实全部都可以食用，也不会产生垃圾。从这些方面考虑的话，蓝莓也许会成为 21 世纪水果的代表。

详解蓝莓

蓝莓的伙伴们

蓝莓是杜鹃花科越橘属的灌木树，天然分布于美国的北部到南部地区。虽然种类繁多，但是可以根据树木的高低进行分类。

●矮丛蓝莓

树高15~60厘米，天然分布于美国的东北部和加拿大的东南部地区，总面积超过4万公顷。大家都读过以加拿大新斯科舍州为背景的小说《格林·盖布尔斯来的安妮》吧，那里面出现的野生蓝莓，就属于这个品种。图画书《小塞尔采蓝莓》中的越橘也是矮丛蓝莓。严格意义上讲蓝莓和越橘其实不是同一个品种，但在分类上都是越橘属的植物。因为矮丛蓝莓没有进行品种改良，野生的果实都很小，但是口感很好，而且味道还是和从前一样，一直都没有改变。

●高丛蓝莓

树高约1米以上，天然分布在美国东部的中央各州（以新泽西州为中心）。经过品种改良，果实大，口感好。它作为最重要的栽培品种，广泛种植在日本和美国等世界各国。

●兔眼蓝莓

还有一个品种便是树高为2米左右的兔眼蓝莓。这个品种在成熟之前像小兔子的眼睛一样红红的，所以被称为兔眼蓝莓。它自然生长在美国南部的各州，因为培育出了许多优良的品种，它与高丛蓝莓一样，作为最重要的栽培品种，在世界各国被广泛培育种植。

富含多种对人体有益的物质

在水果当中蓝莓所含植物纤维最多，人体所需的氨基酸也十分丰富，除了花青素之外，还富含多种对人体有益的物质。每100克蓝莓中就含有4.1克植物纤维，这在水果中算是含量最高的了。植物纤维能够调整人的肠胃功能，还可以预防大肠癌。蓝莓中还含有果胶，它可以抑制糖尿病的恶化，减少对胆固醇的吸收。

并且，蓝莓中还含有人体中无法形成但必需的所有9种氨基酸。在美国，印第安人把玉米当作主食，但是玉米中没有必需的氨基酸，而与野生蓝莓一起食用就使营养得到了平衡。此外，蓝莓中还富含铁、锰、铜、锌等矿物质元素，这些元素都是不可或缺的，对人体健康十分有益。

关于蓝莓的栽培

●是花时间进行栽培管理，还是想尽快收获果实?

在果园中，一般是先花时间把果树培育长大之后再收获果实。在头两年的春季打掉花芽不让它结果，在种植之后的第三年的夏天才开始收获果实。如果想要挑战更加专业的栽培方法的话，请阅读《蓝莓的栽培到加工》（日本蓝莓协会编）。

但如果是出于兴趣和爱好在家里或是在学校种植的话，也可以第二年就让它坐果。要让蓝莓树提前结果的话，在买幼苗的时候，要买2~3年生的幼苗，而且还要挑选比较大的。

●土壤条件不好的情况

如果土质是黏土、硬土或有许多小石子的话，最好挖一个稍微大一些的坑来种植，以改善土壤的状况。坑的宽度要70厘米左右、深度要40厘米左右，并且要把30升的苔藓泥煤和50升的稻壳倒入坑中与土壤混合，堆成一个高出地面20厘米左右的垄，这样种植的时候就不用施基肥了。

另外，在坑的中心立一根竹竿或是细管子作为标记，栽种的时候就方便多了。

●种植的棵数

自交亲和性高的高丛蓝莓能够自花授粉，即使只有一棵树、一个品种都可以结出果实。但是，兔眼蓝莓自交亲和性就比较低，异花授粉之后，才能结出又大又好的果实。所以种植兔眼蓝莓的话，最好把多种类混合种植在一起。把高丛蓝莓多品种混合种植在一起的话，也会结出更大的果实。蓝莓的成熟期较长，一棵树一次收获的果实有限，最好一次种植10棵左右。把早熟、中熟、晚熟的品种混合在一起种植的话，能在很长的一段时间里享受收获果实的快乐。在种植的时候，树与树之间要有2米左右的间隔。

●移栽时机

虽然在秋季或者春季都可以移栽幼苗，但是最好选择树根容易存活的时期。秋种适合冬季较为暖和的地方，时期为秋末（10–11月）。春种则适合冬季较为寒冷的地方，时期为3月下旬到4月中旬左右。在关东地区，在春分过后种植比较适宜。

●要铺上10厘米厚的护根物

蓝莓的根是须根，不是很深，所以很不适宜干燥的土壤。至少在树的周围乃至整片地都铺上10厘米左右厚的锯末、木屑、树皮等护根物（1种或混合均可）。这样的话不仅能够防止土壤干燥，保持土壤温度恒定，还可以抑制杂草的生长。

种植树苗时要铺上护根物，然后要在每年的秋末进行追铺，要将护根物的厚度一直保持在10厘米左右。

●在春季、夏季、秋季共施肥3次

想要果树健康成长、结出饱满的果实，施肥是必须要做的事。根据品种的不同，把比例为氮（必须含有硫酸铵）：磷酸：钾=10:10:10的化肥在各自的施肥时期进行施肥。对于果实较少、树龄短的树（少于5年），可以根据果树的长势来调节施肥期和化肥的剂量。

春肥的话，无论什么品种，都在新枝长出之前的3月下旬施肥。夏肥的话，结出果实之后，高丛蓝莓在5月下旬、兔眼蓝莓在6月中旬施肥。秋肥的话，在果实收获之后，高

具有代表性品种的特点

北部……日本北海道及日本东北地区等地方（能够种植北部高丛蓝莓中的极早熟和中熟品种）
关东……日本关东地区的南部（能够种植高丛蓝莓和兔眼蓝莓）
南部……日本关东以南冬季气温较高的地区

品种名	成熟期	树形大小	耐寒性	推荐地区
北部高丛蓝莓				
早蓝	极早熟	中	中	北部、关东
考林	极早熟	中	中	北部、关东
蓝鸟	早熟	中		北部、关东
蓝港	早熟	中		
蓝光	早熟	中	中	北部、关东
泽西	中熟	大	中	北部、关东
爱国者	中熟	大		
蓝丰	中熟	中	中	北部、关东
彭伯顿	中熟	大	中	
埃利奥特	晚熟	中	强	关东
康维尔	晚熟	大	中	关东
迪克西	晚熟	大	中	
布里吉塔	晚熟	中		
晚蓝	晚熟	中	中	
半高丛蓝莓				
北村	早熟	小		
北空	早熟	小		
北陆	早熟	中	强	
南部高丛蓝莓				
夏普蓝	中熟	小	弱	南部
兔眼蓝莓				
乌达德	最晚熟	大	弱	南部
梯芙蓝	最晚熟	大	弱	关东、南部
巨丰	最晚熟	大	弱	南部
布莱特蓝	最晚熟	大	弱	关东、南部
蓝铃	最晚熟	大	弱	南部

从蓝莓在 8 月中旬、兔眼蓝莓在 9 月中旬施肥。

●夏季必须浇水

蓝莓的根是须根，根茎在土壤中位置不深，所以不适宜种植在干燥的土壤里。一旦土壤干燥，顶端的叶子会枯萎，严重的话枝条和树干都会枯萎。

1 周至少要给蓝莓浇水 1 次。当然，在降雨多的时期以及梅雨季节就没有必要浇水了。特别要注意浇水的时期是炎热的夏季，也就是梅雨结束之后的 7 月下旬到 8 月下旬这段时间。一定要注意防止夏季树木干燥。根据树木的生长情况来调整每次的浇水量，刚种植完的树木需要 1 桶水左右（7~8 升），5 年左右的小树大概需要 3 桶水（20 升左右），成熟的大树则需要 6~7 桶水（45 升左右）。

盆栽的话，每天早上要浇足水。

●花期为 3~ 4 周

根据品种和地域的差异，花期是不同的。在关东地区开始开花的时期与樱花相近，过 2~3 周之后会盛开。1 棵蓝莓树的花期能持续 3~4 周。无论是长枝还是短枝全部都会开花，10 朵左右的花聚集在一块儿，从枝条上垂下来，十分漂亮。并且，开花也是有顺序的，在同一根枝条上，从最前端的花簇开始开花；在同一串上，离树枝近的先开花。

特别是兔眼蓝莓，很难自花授粉，所以要把不同品种混合种植，最好借助蜜蜂等昆虫来授粉。

	春肥	夏肥	秋肥
栽种第 1 年	×	15	15
栽种第 2 年	15	15	15
栽种第 3 年	25	15	15
栽种第 4 年	30	15	15
栽种第 5 年	50	20	20
栽种第 6 年	60	30	30
栽种第 7 年之后	70	35	35

●收获成熟的果实

蓝莓的特征是在果实变大全部变成蓝色之后甜味会增加，酸味会减少，味道会变好。在树上成熟的蓝莓摘下就吃，味道最佳。

在果实的根部也变成蓝色之后的 4~5 天，是收获的最佳时期。那个时候的果实又大又甜，颜色也最鲜艳，味道最棒。在关东地区，早熟的品种从 6 月中旬开始，晚熟的品种从 7 月中旬开始就可以收获了。

在收获果实的时候，可以试着品尝比较一下花萼周围稍带红色的果实和完全变成蓝色的果实。刚开始变红的果实比熟透的果实酸吗？答案是肯定的，它的酸味是熟透的果实的 2 倍，而甜味仅仅只有熟透果实的 1/6 左右。蓝莓的果实在变蓝之后立刻就会变甜。

●罩上防鸟网

像麻雀和椋鸟这样的小鸟十分喜欢吃蓝莓的果实，因此，有时甚至颗粒无收。为了防止果实被小鸟啄光，必须要罩上防鸟网。防鸟网在出售农资的商店里就能买到。在日本，小鸟的繁殖期为 6 月至 8 月，而此时可供小鸟啄食的果实并不多，所以让小鸟吃掉一点儿也不必心疼吧。

关于修剪

●在种植的第三年的冬天

树高会达到60厘米到1米。可以让长势良好的枝条结果，把长势不好的枝条上的花芽摘掉，不要让它结果。从根部长出的新树干当中留下两根长势好的，其余的剪掉。

●在种植的第 4 年 – 第 5 年

最好有 3~4 根主干枝。在树丛中心如果混杂着粗长的枝条，就把它剪掉。最好让果实结在中等长度的枝条上。

●在种植的第 6 年

主干枝最好达到 5~6 根。这时的树高和树冠的宽度均已达到预期的规模。如果在树丛中心混杂着粗长的枝条，把它们剪掉。还要剪掉老枝、弱枝、下垂的枝条、短枝和受损的枝条。

2~3 年生树苗的培育方法（在花盆里进行 2~3 年的培育）

蓝莓大多通过扦插来繁育。自己来扦插，也可以培育出 2~3 年生的树苗。此外蓝莓树不大，盆栽也可以有收获。

像第 28~29 页中讲述的一样，秋季把扦插树苗移栽到 4 号花盆之后，第 2 年的春季无需再换花盆。每日浇水，用

1:1000 的比例稀释氮（必须含有硫酸铵）: 磷酸 : 钾 =10:10:10 的液肥，每月施肥一次，施肥时不需再浇水。到了秋季，树苗会长到 30~50 厘米。

⑴在种植的第 2 年的 3 月中旬，把树苗移栽到铺有苔藓泥煤的、更大一圈的 5 号花盆中。

⑵从花盆中移出树苗的时候，要让树根彻底松散开。

⑶浇水、施肥的方法都与之前一致。树高大概会达到 70 厘米。

⑷种植的第 3 年，再次更换到更大一圈的 6 号花盆。移栽时期、花土的选择、浇水、施肥方式都同之前一致。树高会超过 1 米，并且还会开花、结果。

如何在花盆中培育得更大

想要体会在花盆中种植、收获果实的乐趣的话，前 3 年中换土、浇水、施肥的方法都可以是一样的，但是不要忘记在每年的 3 月，把树苗移栽到再大一圈的花盆中。种植的第 4 年，使用 7 号花盆会收获 100 克左右的果实，第 5 年使用 8 号花盆会收获 300 克以上的果实。

在种植的第 6~7 年，以同等比例将粗苔藓泥煤和红粒土混合在一起使用，树木会长到 1.5 米以上，收获量也会达到 1 千克。

用花盆栽种时最需要注意的就是，在给树木换盆的时候，要把树根中心的土也清除掉，保证树根能够彻底松散开。

取种来试试播种

蓝莓也可以直接用种子培育，但通常会变成杂品种，其果实的味道超越原木的可能性很小。但是，能看到蓝莓种子发芽，再长成大树，这一过程还是很让人激动的，大家一起来试一试吧。第 4 年开始结果，第 5、6 年我们就能知道它的果实到底有没有原木的果实好吃了。取种的方法是把熟过头无法食用的果实用塑料袋或密封容器收集起来，放入冰箱保存。秋分过后，用手取出种子。因为种子周围的果肉要剥掉，所以果肉腐烂、发霉都没有关系。每颗果实中大概含有 50 粒种子。种子在容器中会沉底，用自来水反复冲洗，去掉浮上来的杂质，只留下种子。

在类似于育苗箱的容器中，铺上厚约 5 厘米的苔藓泥煤，为了便于计算，按 10 × 10 撒上 100 粒种子。因为蓝莓种子必须有光照才会发芽（好光性种子），所以不要让土壤盖住种子。为了防止土壤干燥，最好把容器底部浸入到装水的底盘中。1 个月之后，会长出很小很小的芽。注意千万不要让土壤干燥，用 1:2000 的比例稀释氮 : 磷酸 : 钾 =10:10:10 的液肥，最好每个月施肥一次。

果实的冷冻保存

蓝莓果实还有一个特征是，即使冷冻（零下 20 摄氏度以下）味道也不会改变。这是因为果实中含有大量的果胶质。用家庭冰柜冷冻就足够了，把果实放入密封袋中，冷冻起来就可以。使用时可采用自然解冻，然后就能像鲜果一样做成蓝莓果酱和蓝莓汁了。

蛋奶糊的制作方法

材料（1 个直径 21 厘米大小的派的用量）

蛋黄……3 个，牛奶……180 毫升，砂糖……60 克，黄油……20 克，低筋粉……1 大匙，玉米淀粉……1 大匙，香草精……少许

制作方法

⑴把蛋黄与蛋清分离，把分出来的蛋黄放入碗中搅拌，再放入玉米淀粉、低筋粉、砂糖，用搅拌器搅拌。

⑵把牛奶倒入锅中，加热到将开未开的临界状态。

⑶边搅拌，边把步骤⑵中的牛奶一点点倒入步骤⑴的材料中。

⑷把步骤⑶的材料边过滤边倒回锅中，用小火加热搅拌。

⑸待成黏稠状之后关火，再加入黄油、香草精搅拌之后，倒入另外的容器中直至冷却。

后记

大家还记得是在什么时候第一次吃到蓝莓果酱和蓝莓蛋糕的吗？大家都见过蓝莓树和蓝莓花吗？

2001 年正好是日本引进蓝莓的第 50 年。日本对蓝莓栽培的普及花费了相当长的一段时间。全日本蓝莓的栽培面积达到 10 公顷是在 1981 年。所以说，日本对蓝莓的栽培和果实的利用是从那时开始的。如今，蓝莓的栽培面积已经超过 300 公顷，产量达到 1 000 吨。

我是在 1967 年认识蓝莓的。从那时起直到今日，我一直在对蓝莓栽培的普及进行研究。我认为蓝莓有以下优点：①易种植（小型树）②观赏价值高（可爱的花朵、蓝色的果实、还有红叶）③果实的利用范围广（酸甜的果实除了生食之外还可以加工成果酱、果汁等各种产品）④出众的健康功能性。通过宣传介绍上述的四大特征和其魅力来向全国推广蓝莓，让大家品尝到既安全又美味，还有益于健康的蓝莓。

大家在亲手培育蓝莓树的同时，不妨来观察一下枝条的生长、花朵的颜色和形状的变化、果实的成长过程、果实的酸甜等问题。还可以试着把收获的蓝莓做成蓝莓果酱和蛋糕。通过亲手培育，我们会深切感受到植物生命的奇妙和果树的魅力。

在日本引进蓝莓整整第 50 年的 2001 年，我十分荣幸地出版了该绘本。我希望，肩负美好明天的孩子们，能够积极地学习如何栽培和利用蓝莓。

玉田孝人

图书在版编目(CIP)数据

画说蓝莓 / (日) 玉田孝人编文 ; (日) 细谷正之绘画 ; 中央编译翻译服务有限公司译. -- 北京 : 中国农业出版社, 2017.9 (2017.11重印)
(我的小小农场)
ISBN 978-7-109-22739-2

Ⅰ. ①画… Ⅱ. ①玉… ②细… ③中… Ⅲ. ①浆果类 – 少儿读物 Ⅳ. ①S663-49

中国版本图书馆CIP数据核字(2017)第035591号

玉田孝人

1940 年生于日本岩手县。1970 年硕士毕业于东京农工大学农学系研究生院。同年，在千叶县农业短期大学任职。2000 年，从千叶县农业大学校研究科主任退休。现在，任日本蓝莓协会副会长，兼事务局长。主要著作有《蓝莓的栽培》(诚文堂新光社・共著 1984)、《特产果树 蓝莓》(日本果树种苗协会・共著 1986)、《蓝莓 从栽培到加工利用》(创森社・共著 1997)、《蓝莓生产的基础》(《农业和园艺》37 次连载 96–99 年 养贤堂)、《农业技术大全 果树篇 第七卷 特产果树》(农文协・共著 1999)、《蓝莓—栽培标准技术大全》(千叶县农林部・共著 2000)。

细谷正之

1943 年生于东京。获得 1985 年比利时 Domeruhofu 国际版画大赛银奖，1995 年获小学馆绘画奖。1999 年获讲谈社出版文化奖。作品有绘本《迦得鲁夫的百合》《马尔斯夫妇》《白铁皮的音符》等，随笔集《亦真亦假》。

■取材協力

閏塚直子(東京都青梅市・ベリーコテージ)
池田健太郎(千葉県流山市・ブルーベリーガーデン)

■参考文献

「ブルーベリー　栽培から加工利用まで」日本ブルーベリー協会編(創森社　1997)
「ブルーベリークッキング」日本ブルーベリー協会編(創森社　1999)
「家庭果樹ブルーベリー　育て方・楽しみ方」日本ブルーベリー協会編(創森社　2000)
「ブルーベリー生産の基礎」(「農業および園芸」71 巻 7 号 ~74 巻 7 号 養賢堂 1996~1999)
「農業技術大系果樹編　第 7 巻」(農文協)

我的小小农场 ● 10

画说蓝莓

编　　文：【日】玉田孝人
绘　　画：【日】细谷正之

Sodatete Asobo Dai 7-shu 31 Blueberry no Ehon
Copyright© 2001 by T.Tamada,Y.Sasameya,J.Kuriyama
Chinese translation rights in simplified characters arranged with Nosan Gyoson Bunka Kyokai, Tokyo through Japan UNI Agency, Inc., Tokyo
All right reserved.
本书中文版由玉田孝人、细谷正之、栗山淳和日本社团法人农山渔村文化协会授权中国农业出版社独家出版发行。本书内容的任何部分，事先未经出版者书面许可，不得以任何方式或手段复制或刊载。
北京市版权局著作权合同登记号：图字 01-2016-5583 号

责任编辑：刘彦博
翻　　译：中央编译翻译服务有限公司
译　　审：张安明
设计制作：北京明德时代文化发展有限公司
出　　版：中国农业出版社
　　　　　(北京市朝阳区麦子店街18号楼 邮政编码：100125　美少分社电话：010-59194987)
发　　行：中国农业出版社
印　　刷：北京华联印刷有限公司
开　　本：889mm × 1194mm 1/16
印　　张：2.75
字　　数：100千字
版　　次：2017年9月第1版　2017年11月北京第2次印刷
定　　价：35.80元

版权所有 翻印必究　(凡本版图书出现印刷、装订错误，请向出版社发行部调换)